小吃货
美食绘

品阅 主编

亲，
来杯喝的

U0257468

农村读物出版社

图书在版编目（CIP）数据

亲，来杯喝的 / 品阅主编. — 北京：
农村读物出版社, 2015.6
（小吃货美食绘）
ISBN 978-7-5048-5748-4

Ⅰ. ①亲… Ⅱ. ①品… Ⅲ. ①饮料－制作
Ⅳ. ①TS27

中国版本图书馆CIP数据核字(2015)第063978号

策划编辑 李　梅
责任编辑 李　梅
出　　版 农村读物出版社 （北京市朝阳区麦子店街18号楼 100125）
发　　行 新华书店北京发行所
印　　刷 北京中科印刷有限公司
开　　本 880mm×1230mm 1/32
印　　张 7.5
字　　数 250千
版　　次 2015年9月第1版　2015年9月北京第1次印刷
定　　价 38.00元

（凡本版图书出现印刷、装订错误，请向出版社发行部调换）

阅读指导

本书分四章

每道心情特饮中有

饮料名

材料、工具、作法、小唠叨
（细节提示）

咸言蜜语（制作要点或故事）

目 录
CONTENTS

1 花漾的水

2 别样茶吧

3

天然
营养液

4

营养泥与糊

1

花漾的水

姜枣汤

　　姜枣汤是一款辛辣香甜的茶饮，更是一味生阳壮火的良药。有人说，一日食三枣，青春不显老。一日一片姜，健康无敌壮，姜和大枣合用的姜枣汤自然功效更佳。但是姜枣汤只能在早上和中午服用，因为姜助生阳气，而人体的作息规律是早上和中午阳气生发，晚上阳气收敛、入定。因此有"晚上吃姜赛砒霜"的夸张说法。

挽袖
上阵

水两碗

红糖适量

大枣6枚

生姜20克

材料

砂锅

小唠叨
最好是用陶瓷锅或者砂
锅，以免影响功效

工具

① 将大枣洗净，掰开，去掉枣核。

② 生姜去皮，切成片。

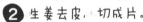

③ 汤锅中放水，大火烧开，将大枣和生姜放入。

20分钟~

④ 大火煮开转小火再煎煮1个小时，然后关火焖20分钟。

5 盛起来汤汁，调入适量红糖，趁热饮用。

咸言蜜语

　　这味汤里的大枣和生姜用量不小，姜性温、味辛，归肺、脾、胃经，大枣性平味酸，可助生姜的发散，祛散寒邪。如果大枣用量小，姜的热性就会往上走，可能出现咽喉肿痛、溃疡等症状。如果是外感风寒，可以将这汤分三次饮用，每半小时一次，穿暖或者盖被发汗。这味汤秋冬可加大用量，春夏宜少饮。

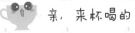

姜橘饮

　　南方有一种极为知名的补益零食——九制陈皮。酸酸甜甜，十分开胃。其实这陈皮，就是干燥的橘子皮，南方许多家庭会在吃完柑橘后，将橘子皮（或者橙子、柑子皮）洗净晒干，用来做调料，或者泡茶。这一味姜橘饮，就是非常不错的发热散寒、祛痰理气的茶饮。每天一杯姜橘饮，郁闷之气无影无踪。

挽袖
上阵

这道饮品辛辣中带着甘冽、芬芳，理气开胃，十分宜人。做起来也十分简单，完全不费事。

干橘皮5克

生姜片10克

材料

耐热玻璃茶壶

酒精炉

工具

作法

1 将干橘皮用清水洗净。

2 玻璃茶壶洗净，装入清水，加入橘皮和生姜片，点燃酒精炉，慢慢煮沸，再煎煮3分钟，关火后焖10分钟，再倒出饮用。

咸言蜜语

这道姜橘饮对气郁血瘀者来说，绝对是不二良饮。每天喝上一杯或两杯茶饮，开胃化痰、理气补肝，难得的是，这道饮品味道尚佳，做起来又方便，便于长期饮用。

酥油茶

　　提起酥油茶，脑海中便不由自主浮现出藏族人民的长袍、红扑扑的脸庞和大盘肉。酥油茶是藏族的特色茶饮，正宗的酥油茶喝起来咸中带甜，喷香扑鼻，既能暖身御寒，又富含多种营养。记住在藏族地区喝酥油茶的规矩：不要一口喝干，一边喝一边加，最后也要留点茶底。

挽袖上阵

正宗的藏族酥油茶香浓味美，我们自己动手，也能像模像样地做出个七八分的味道，不信就试试吧。

茶砖

砖茶

酥油

盐

材料

食物料理机

茶壶

汤锅

工具

作法

① 茶壶里倒入适量清水，大火煮沸，再放入一小块掰碎的砖茶，再次煮沸后转中火继续煮成浓茶汁，用茶滤网过滤出茶汁。

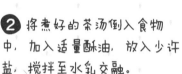

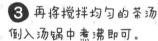

② 将煮好的茶汤倒入食物中，加入适量酥油，放入少许盐，搅拌至水乳交融。

③ 再将搅拌均匀的茶汤倒入汤锅中煮沸即可。

咸言蜜语

藏族因为地处高原，需要高热量食物，而蔬菜瓜果极少，日常饮食就是青稞、肉和奶，而酥油茶中酥油是牛奶、羊奶中提炼出的脂肪，能补热量，浓茶水能补充维生素、助消化和补充微量元素，因此非常适合藏区人们饮用。

如果搞不到酥油，黄油也可，只是味道会差些。

绿豆汤

　　从南到北，上至老人下至小儿，几乎没有不喜欢清甜爽口的绿豆汤。炎炎夏日里，来上一碗冰凉的绿豆汤，沙沙的，从头凉到脚，连脚趾缝里都透着凉气，霎时暑气全消。

挽袖上阵

绿豆汤做起来不麻烦，不过巧手主妇和不善料理的人做出来的绿豆汤还是有些差别，这差别只是某些小细节的差异。

绿豆

冰糖

水

材料

砂锅

工具

作法

1 将绿豆拣、洗干净，用适量清水泡2个小时以上。

小·唠叨

绿豆里容易混杂沙石，一定要拣干净，否则影响口感，坏了心情。

20分钟~

2 砂锅中倒入凉水，将先前泡绿豆的水和绿豆一起倒入，开大火煮沸，再煮5分钟左右，关火，盖上盖子焖20分钟。

小·唠叨

豆和水比例随意，看你喜欢喝汤还是吃豆沙了，只喝汤，水可以多放点。

❸ 再次开大火，将绿豆煮开花，然后转小火，熬煮半小时左右。

❹ 等到豆壳跟豆子分离，豆沙出现后，就可以加入冰糖，再煮5分钟左右，关火。

30分钟~

小唠叨

加入冰糖前，可用勺子将未完全分离的豆壳与豆子分开，并且帮助碾出豆沙。

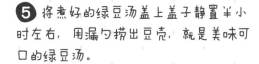

❺ 将煮好的绿豆汤盖上盖子静置半小时左右，用漏勺捞出豆壳，就是美味可口的绿豆汤。

 咸言蜜语

　　绿豆性寒凉，具有解毒的功效。绿豆汤是民间传统的解暑佳品。但体质虚寒的人要少喝绿豆汤，少吃绿豆制品，否则容易腹泻。绿豆汤的做法多种多样，常见的除了纯绿豆汤外，还可以在里面添加薏仁、南瓜、百合、莲子等，都是美味营养的解暑饮品。

　　制作绿豆汤除了汤锅、砂锅外，也可以用高压锅，更加方便省时。还有一种更简单的方法，豆子泡好后放入保温瓶，冲入滚开的沸水，盖好盖子，焖几个小时，豆子就开花了。

蓝莓柠檬汽水

这是最适合夏天的饮品，蓝莓酸酸甜甜，柠檬酸爽清新，这两样搭配在一起，深紫色与黄色撞击出明丽的视觉享受。轻轻吸上一口，一种夏日的爽朗与美妙瞬间占据了你的身心，让你忍不住想蹦跳起来。

亲，来杯喝的

挽袖
上阵

这个饮品虽然说起来美妙新奇，在甜品店卖得死贵死贵，可是真正做起来，却并不怎么费劲，也花不了多少钱。自己动手，丰衣足食，有情趣的过程更美妙，不是吗?

柠檬（半个）

蜂蜜和冰糖
（50~60克）

小苏打

粗盐

雪碧
（or 七喜）

蓝莓
（100克左右）

材料

大碗

玻璃罐

工具

作法

♪洗刷刷……

1 将柠檬洗净。

冰糖

去蒂，在柠檬皮上撒少许小苏打，稍微揉搓一下，再用水冲洗干净，用粗盐在柠檬表皮上再揉搓擦洗一遍。用一个大碗倒一碗沸水，将柠檬放入沸水中浸泡30秒左右，取出擦干。

2 用刀削下柠檬皮，再撕掉白瓤，将柠檬肉切成一片片的薄片备用；冰糖捣碎。

小唠叨

尽量切薄一点，这样便于入味。因为柠檬籽较多，可以用牙签剔掉籽。

3 准备好干净的玻璃罐，事先用沸水消毒，晾晒干。蓝莓也事先洗净晾干。

小唠叨
柠檬肉和柠檬皮都放进去，可以增加香味。另外，冰糖腌渍效果好，但蜂蜜更健康。

4 玻璃罐底下铺一层冰糖与蜂蜜的混合物，然后码一层柠檬和蓝莓，一层层码进去，上面再铺上糖与蜂蜜的混合物，将盖子密封好，放在常温下保存。

小唠叨
鲜果蓝莓现在并不难买到。

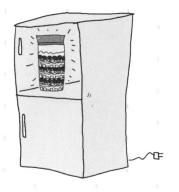

5 第二天就可将玻璃罐放入冰箱，三四天就能看到柠檬和蓝莓汁渗出来。

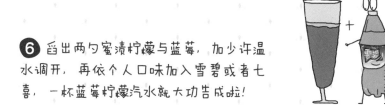

6 舀出两勺蜜渍柠檬与蓝莓，加少许温水调开，再依个人口味加入雪碧或者七喜，一杯蓝莓柠檬汽水就大功告成啦！

 咸言蜜语

　　柠檬因为其独特的香气，十分受人喜爱，它富含维生素C，能理中和脾，非常受人欢迎。蓝莓柠檬汽水糅合了蓝莓和柠檬的香气和滋味，酸甜开胃，是与绿豆汤风格迥异的夏日消暑饮料。

红豆薏米水

　　我们工作、生活多在室内太阳无法直射的地方，冬天有暖气，夏天有冷气，虽然身体感觉比较舒适，但并不利于我们的健康，加上我们饮食多肥腻，身体内多有湿气。红豆薏仁水是祛湿养血的良方，是可以经常喝的保健水。

挽袖
上阵

红小豆

薏米

小唠叨

一定要是红小豆，不能选择
做豆沙的那种大粒红豆。

材料

砂锅

工具

1 将薏米和红小豆都淘洗干净，用水泡3个小时。

开花后 off

2 砂锅里加入适量清水，水开后倒入薏米和红小豆，改小火，熬煮2个小时，等到薏米和红小豆都煮开花时关火。

焖一下 ....

3 盖上盖，略微焖一下即可。

 **咸言蜜语**

　　红豆薏米水是一味极好的保健汤水，但因为薏米偏寒凉，体质寒凉的人，可以适当减少薏米用量；失眠的人可以加点儿莲子百合同煮；气血不足或者例假期间的女子，可以去掉薏米，加上生姜、红糖、桂圆、大枣之类的食材；肾虚的人可以在汤里加点儿黑豆；有脚气的可以加入少许碎黄豆。

紫薯银耳汤

紫薯是近年来流行的美食，颜色漂亮，味道可口，营养又丰富，所以颇受人欢迎。尤其紫薯淀粉含量高，用来做各种糖水点心更是超赞。银耳嘛，有"平民燕窝"之称，一般搭配莲子百合等食材，今天我们做个不一样的，用紫薯配银耳。

挽袖上阵

这个糖水做法简单，紫薯不用多加工，重要的环节是处理银耳。

紫薯200克

干银耳20克

冰糖适量

材料

砂锅

工具

作法

1 将银耳用水冲洗掉表面杂质，用清水浸泡1小时，用清水冲洗干净，去除杂质和根蒂，撕成小片备用；紫薯洗净去皮，切成小块。

小唠叨
银耳要小火慢炖，时间长了才能将胶质炖出来。水要一次性加足。

炖小时……

2 锅内放入适量清水，加入处理好的银耳，开大火煮沸，再转小火，慢慢炖煮1个来小时。

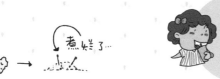

小唠叨

煮银耳汤的时候，要注意经常用勺子搅动，银耳容易糊锅。

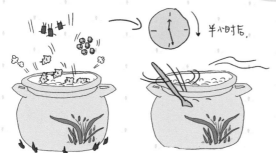

❸ 待银耳煮得软烂之后，放入紫薯和冰糖，接着煮半个多小时，紫薯熟透，银耳汤汁黏稠便可关火。

咸言蜜语

　　紫薯银耳汤能滋阴润肺、清热解毒，还能保护肝脏、防止钙质流失、抗衰老，是上佳糖水。这道汤水颜色漂亮、味道可口，很适合做给小朋友吃。

冰糖梨水

冰糖梨水本是家常甜水，已经被开发成瓶装饮料，虽然方便了，但甜得腻人，少了家里做的冰糖梨水的清爽梨香和亲切的微甜。冰糖梨水是很多有老人和宝宝的家庭的常备糖水，除了润肺止咳，它还能起到益脾止泻、和胃降逆等作用，令肌肤润泽。

挽袖上阵

冰糖梨水虽然普通，但也是很容易和"妈妈的味道"相联系的汤水，它和亲情一样，平实但温暖。

梨1个

冰糖适量

材料

砂锅

不锈钢锅

工具

 亲，来杯喝的

作法

① 将梨洗净，去核，切成小块。

② 砂锅里放好凉水，放入梨块，大火煮开，小火煮半小时。关火前放入冰糖，一边放一边搅拌，冰糖溶化就关火。

小唠叨

冰糖先少放一点，熔化后尝一尝，清甜即可，不够再少加一点。冰糖用量和水量相关，做一次就知道大致需要放多少糖了。

4 过滤出梨水，放凉。

小唠叨
过去物物质没有那么丰富，梨水煮一次，梨水滗出来后，妈妈会加水再煮一次~

咸言蜜语

　　生梨偏寒，如果想润肺生津、止咳化痰，就煮后饮水吃梨。做糖水的梨有讲究，最好选雪花梨。另外，煮梨水的时候，梨不用去皮。

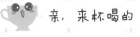

山楂苹果汁

这道糖水酸酸甜甜，闻起来香喷喷的，吃起来更是芬芳四溢，山楂和苹果被煮得软烂，滋味和口感好，又开胃又消食，喝着它很有一种自己被宠爱的感觉~

用料简单，方便省事，做出来的成品红黄相间、酸甜可口、十分开胃，肯定没有任何添加剂。

苹果1个

冰糖适量

山楂5~10个

材料

砂锅

炖锅

or

不锈钢锅
（或豆浆机）

工具

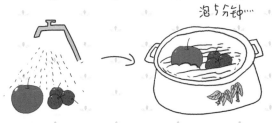

泡5分钟……

1 将山楂与苹果洗净表皮，放入淡盐水中浸泡5分钟，取出洗净。

山楂

小唠叨
用专门的蔬菜洗洁精浸泡洗涤山楂与苹果也可，因为皮中含有丰富营养物质，所以最好不削皮。

2 去掉山楂的蒂和柄，掏去山楂核；苹果去蒂去核去柄，切成小块。

苹果

×8

3 锅里放入约4碗水，加入山楂块和苹果块，放入适量冰糖。

小火40分钟

4 将砂锅里的材料大火烧滚，再转小火煲约40分钟后关火，将锅中的材料和汤水一起盛出来享用。

小·唠叨
如果家里有豆浆机，把适量苹果块和山楂放在豆浆机里，加水和冰糖，开机，等加热和绞碎完成，就成了喷香的果羹。

咸言蜜语

　　这两种水果都是可以生吃也可以熟吃的，生吃酸甜可口，煮熟后味道更佳，功效也不太一样。苹果煮熟后能降低血糖、抗炎杀菌的效果。山楂做成糖葫芦或者炒红果都颇受欢迎，其开胃消积功效不可小觑。

酸梅汤

酸梅汤是一道传统的夏日饮品，北京还有宫廷酸梅汤，过去是御用的，"高大上"得没商量。酸梅汤带有一点炭烤的味道，酸甜可口，冰镇后清凉怡人。炎热的夏日，家里熬一大锅酸梅汤，放在冰箱里镇着，回到家倒一杯一口气喝下去，酸甜清亮沁入心脾。

酸梅汤的基本材料是乌梅和冰糖，其他细微差别都在搭配的材料不同。

干乌梅

干桂花

甘草

陈皮

山楂干

冰糖

材料

砂锅

工具

作法

① 将乌梅、山楂干、干桂花和甘草分别洗净，沥干水分。

小·唠叨

材料准备多少，看你用多大的锅放多少水。一般乌梅十个左右，甘草、陈皮3～5克，山楂干20克左右，冰糖和干桂花放多少凭感觉了。

泡1小时……

② 再将乌梅、山楂干和甘草用清水泡上1小时。

③ 将泡的材料和水一同倒入锅中，大火煮开，再转小火煮两个小时。

4 加入干桂花，煮10分钟左右，放入冰糖，关火，盖上盖子，焖上一刻钟。

煮10分钟后……

焖15分钟……

5 待酸梅汤放凉后，用滤网滤去渣滓，汤汁装入容器里，放冰箱冷藏。

咸言蜜语

　　李时珍的《本草纲目》上说，梅实采半黄者，以烟熏之为乌梅。乌梅可以祛热纳凉、安心止痛。酸梅汤能够消食化瘀，生津止渴、宁心安神，是夏日里驱逐炎热、保健强身的佳品。

奶昔

奶昔是舶来品，源于欧洲，原名是 Milk Shake，一般在快餐店和冷饮店售卖，现做现卖。常见的有香草奶昔、草莓奶昔和巧克力奶昔三种口味，现在那口味可就多了。现在人们习惯于在奶昔里面加入各种水果，喝起来香浓幼滑，美味扑鼻。

如果你看过现场制作奶昔，就会知道奶昔的做法非常简单，工具只需要一个料理机足以，那些繁复的锅碗瓢盆都可以省略。我们来做一道哈密瓜奶昔，如果不喜欢哈密瓜，随便用什么水果随自己喜欢。

百香果1/4个

哈密瓜1片（一个瓜切8块，取一半用）

香草冰淇淋1盒

奶1袋或1盒（250毫升）

鲜奶油

糖

碎冰适量

材料

食物料理机

工具

① 将哈密瓜去皮切成小块,
放入冰箱中冷藏半小时

百香果取籽和瓤挤入
料理机里。

小唠叨
如果喜欢那种稠厚、细腻的奶昔,
冰块少放或不放。也可以把哈密瓜
冻成冰瓜块用, 可以不放冰。

② 将哈密瓜取出, 放入料理机里, 再加入冰
淇淋、鲜奶、鲜奶油、糖和少量碎冰块。

③ 按搅拌键，待材料搅碎、打均匀就成了奶昔，将奶昔倒在杯中饮用。

 咸言蜜语

奶昔的口味可以任由你的想象力去发挥，各种水果汁只要你喜欢就可以拿来调试。想增加点视觉效果、丰富口感和小情调，芒果果肉、猕猴桃果肉、草莓、切成你想的样子或蓝莓放在奶昔上。如果担心体重，可以少用或不用鲜奶油，奶可以用低脂或脱脂的。还有用酸奶、少量碎冰和水果（或果酱）搅打均匀制成的奶昔也比较常见。

美味姜糖水

　　姜糖水是驱寒暖身的佳饮，甜津津、辣乎乎，灌下一杯，一股热流从口腔顺着喉咙流下，胸口热乎了，小腹暖了，顿时觉得全身都暖和起来，整个人充满了活力与能量。

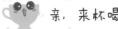

挽袖上阵

生姜

红糖

材料

砂锅

工具

作法

水

5分钟……

20分钟……

姜糖水的做法不要太简单了——将生姜洗净去皮，切成薄片或丝，放入汤锅里，加入适量清水，大火烧开，转中火，熬煮20分钟，再加入红糖，继续熬煮5分钟，盖上盖子略焖一会儿。然后倒在碗里，稍微晾凉就大口喝下就行了。

咸言蜜语

姜糖水是民间常用食疗饮品，伤风感冒、淋雨着凉、月经腹痛，回家煮一锅姜糖水，热乎乎地喝上两碗，多半会有缓解。不过姜糖水什么时候喝也是有讲究的，早上阳气生发，早上喝姜汤水效果更好，晚上阳气收敛，不宜饮用姜汤水了。

甘蔗马蹄水

　　南方街头常有甘蔗汁卖，几块钱一杯，清凉解暑，甜润生津，十分令人向往。尤其难得的是，那都是当场现榨，你能够看到店铺老板将削了皮的整根甘蔗送入机器中，另一边就出来甘甜的甘蔗汁。那种甜可以记一辈子！我们在家可以改良一下，煮出甘蔗水，可热饮可冷饮，依旧清甜，润肺生津，再考究点，放入点儿马蹄、百合等同煮。

甘蔗半根

荸荠几个

百合1小把

材料

汤锅

工具

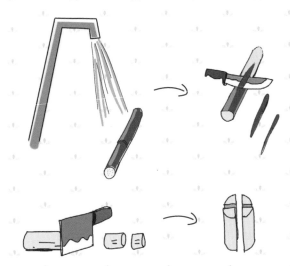

1 将甘蔗洗净，削掉紫黑色的外皮，砍成一节一节的，再竖着劈成一根根小细条，放入汤锅中。

2 荸荠刷洗干净，削掉外皮，再冲净放入汤锅里；百合洗净待用。

❸ 汤锅里注入适量清水，开大火煮沸，再转小火。

小火

小·唠叨

如果是新鲜百合，在起锅之前放入，如果是干百合，则要早一点放入，以便煮透。

❹ 甘蔗、马蹄煮15分钟后，将百合放入。

❺ 放入百合后，再煮10分钟即可。

小·唠叨

如果喜甜可以加点糖。

咸言蜜语

　　因为甘蔗和马蹄都是润肺滋阴的，嗓子疼的时候喝这个水特别好。但有一点需要注意，这些材料性偏寒凉，体虚寒凉的别多喝。

冰镇杨梅汁

　　杨梅，说起这两个字，似乎就有酸水在嘴里汇聚，要喷涌而出。小时候课本上有一篇关于杨梅的课文，作者将杨梅描绘成天下至味，多少人从那时就记住了酸酸甜甜的杨梅，紫红色的汁水，还有吃多了杨梅的牙齿会酸得连豆腐都咬不动……

挽袖上阵

杨梅好吃，可是汁水太丰富，每次总会弄得双手黏黏糊糊，而且吃多了容易倒牙。将杨梅做成杨梅汁，既保留了美味，又省去了弄脏手、酸倒牙。

杨梅

盐适量

冰糖

冰糖适量

材料

不锈钢汤锅

漏勺

工具

作法

❶ 将杨梅洗净，用盐水浸泡半个小时，冲洗干净，去蒂去核，切成小块。

小唠叨

千万别漏掉这个步骤，杨梅美味可口，你爱吃，虫子一样爱吃。

❷ 将杨梅放入锅中，加入适量清水，大火煮开，转中火继续煮上5分钟。

小唠叨

和煮山楂一样，不要用铁锅。

3 加入冰糖，改小火煮15分钟左右便可关火。搅匀至冰糖熔化。

←冰糖

15分钟……

4 做好的汤汁可以趁热饮用，也可晾凉后放入冰箱冰镇后饮用。

 咸言蜜语

　　杨梅所含的果酸能开胃生津，消食解暑，对大肠杆菌、痢疾杆菌等细菌有一定的抑制作用。杨梅可以泡酒，可以熬汤。因为杨梅酸，做汤时加糖的量较大需要限制糖的摄入的人要小心。

杏仁雪梨银耳汤

这是一道典型的南方汤水，甘甜滋润，常喝这道汤水，包你皮肤滋润，白里透红水当当。银耳有平民燕窝之称，雪梨和杏仁都是寻常食材，但放在一起精心烹饪，却焕发出非常的美味和丰富的营养。

银耳1朵

雪梨1个

南杏仁10粒左右

冰糖适量

材料

炖锅

工具

作法

1 银耳用冷水浸泡3小时左右，待银耳泡发后，去掉根蒂，用水冲洗干净，撕成小片。

小唠叨
如有脏东西附着在银耳上，可以用面粉或者淀粉撒在银耳上，用手轻轻揉搓洗掉。

去皮

2 雪梨清洗干净，去柄去蒂去核，切成小块备用；杏仁用热水泡一下，去皮备用。

❸ 将银耳放入炖锅中，加入适量清水，大火煮开转小火再煮上1小时左右。

❹ 银耳边缘开始融化，胶质逐渐渗出时，汤汁变稠时，将杏仁和雪梨放入一同炖煮。

❺ 约莫20分钟后，雪梨变成半透明时加入冰糖，搅拌均匀关火。

❻ 盖上盖子，让汤汁在锅中焖上十来分钟，再盛入碗中即可。

咸言蜜语

　　杏仁有南杏仁和北杏仁之分，南杏仁又叫甜杏仁，常作日常零食，富含维生素E、不饱和脂肪酸，能润肺平喘、生津开胃、润大肠。北杏仁又叫苦杏仁，能祛痰止咳、润肠。北杏仁中所含的氢氰酸可以止咳、平喘，但苦杏仁食用过量可能中毒。

苹果银耳莲子汤

　　这是典型的粤式糖水，所用食材可说是厨房里的边角料，但是经过精心炖煮，出来的糖水可是香香甜甜、美味营养、滋润不腻的上品。如果是用普通炖盅，可能相对麻烦一点，但若用电炖盅，只需要设定好时间就行了，简单方便。

苹果1个

莲子20来粒

干百合1勺

银耳1小朵

枸杞少许

冰糖

冰糖适量

材料

炖盅

蒸锅

工具

作法

① 将银耳用水泡发，漂洗干净，去掉根蒂，撕成小碎块备用；百合用水泡开，洗净；苹果洗净去皮去核，切成小块，用盐水浸泡。

小唠叨
用电炖盅炖汤时，水分蒸发量比明火炖煮小，加水适度即可。

② 将准备好的银耳放入炖盅内，把莲子冲洗干净一同放入，加入适量清水。

③ 盖上盅盖，蒸锅里加注入清水，炖盅放在蒸屉上，蒸20分钟。再将苹果放入炖盅中同炖。

冰糖

4 再炖20分钟，放入冰糖，关火，放入枸杞，用余热继续炖煮，降温后即可。

 咸言蜜语

　　这道苹果莲子汤里依旧少不了银耳。苹果熟食，其鞣酸和果胶又具有收敛、止泻的作用，莲子则能清心醒脾、补中安神、滋养元气。银耳也是润肺、止咳、清热解毒、理脾健胃的上佳食材。

木瓜牛奶

　　木瓜牛奶，据说是丰胸神饮，好像新近有一名歌手也是同样名字，不过也许人家单纯是爱木瓜牛奶的美好滋味吧。有关它是否丰胸的传闻，我们暂且按下不表，但它的确能够起到滋养皮肤的作用。木瓜香甜，可吃起来有一种奇怪的味道，放入牛奶中同煮，这样的味道便消失了，只剩下单纯的甜与馥郁的香，和牛奶的奶香融合在一起，让人停不了口。

挽袖上阵

木瓜半个

牛奶2袋
（500毫升左右）

白糖

糖少量

材料

汤锅

工具

作法

1 将木瓜洗净，掏去瓤和籽，削掉外皮，将果肉切成小块。

小唠叨

如果用食物料理机把牛奶、木瓜块打匀，更简单。

2 牛奶放入汤锅中煮沸，把准备好的木瓜放入，煮开后转小火，继续炖煮上七八分钟，关火出锅。看个人口感加一点糖。用勺把木瓜肉碾碎与牛奶搅匀更妙。

咸言蜜语

　　不用再多说了吧，木瓜牛奶就这么简单，谁要是以不会为借口，你就可以对他说，比煮方便面还简单。不过，虽然简单，可是味道着实鲜美得紧。

姜撞奶

　　姜撞奶，多年来一直是南方人家的寻常饮品，却是北方人不能理解的东西。姜汁和牛奶混在一起，怎么就变成了凝固状，跟老酸奶一个模样？这个疑问，我们暂且存在心里，动手做吧。没准儿你做出来的姜撞奶虽然味道差不离，可是依旧是一碗晃荡晃荡的水质牛奶呢。

挽袖
上阵

姜撞奶看起来并不麻烦，但并非人人都能一次性成功。要想做出好的成品，牛奶与姜汁的比例不容忽视，还有撞击的力度等，都要留意。

生姜一大块

牛奶1袋
（250毫升）

白糖

白糖适量

材料

纱布　　奶锅

工具

① 将生姜去皮，切成末，用纱布包着挤出姜汁，姜汁倒入准备好的容器里备用。

小·唠叨
姜汁与牛奶的比例约为8:100。

② 牛奶倒入奶锅中，加入白糖开小火煮微沸，保持牛奶微滚的状态。

小·唠叨
牛奶的火候是关键，千万不能煮得滚开。

③ 奶锅离火，不停摇动奶锅，使牛奶迅速降温到80℃左右。

小唠叨

冲牛奶一定要快速有力，这样才能激发出姜汁的香味。

 将热牛奶冲入盛有姜汁的容器中，大约20秒，就能看到牛奶凝结成块了。

咸言蜜语

所谓姜撞奶，最重要的就在这个"撞"字上，撞的步骤是为了让牛奶的温度略微降低，大概在70~80℃。这个温度范围内，姜汁和牛奶容易发生化学变化，使牛奶凝固。姜撞奶的味道香醇爽滑，甜中微辣，味道非常独特，还能暖胃、解表散寒，既能解馋，又能滋补。

亲，来杯喝的

番薯糖水

番薯糖水，是广东香港一带最常见的糖水。每次看粤语长片的时候，一大家子人凑在一起吃饭，吃完饭，总会端上一碗热乎乎的番薯糖水，大家边吃边聊，其乐融融。糖水的材料普通，做法简单，谁都能做，美味暖心甜品让你暖在胃里，甜在心底。

番薯

冰糖

生姜

材料

砂锅

工具

亲，来杯喝的

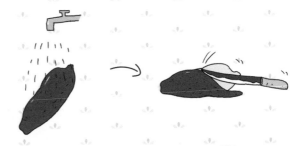

1 将番薯去皮，洗净，切成块，泡在清水中备用。

2 生姜洗净，去皮切片。

3 将番薯块和清水一起倒入锅中，放入生姜片，再加入适量清水，大火煮开，转小火煮上20分钟。

4 放入冰糖调味，再煮两分钟，
关火出锅。

 咸言蜜语

　　番薯糖水以它的方便、甜蜜成为老百姓家常喜爱的
糖水。这糖水汤色极清，清甜微辣，薯块粉而不烂，略
带韧性，一碗下肚，热热乎乎的，十分暖胃。需要注
意，番薯切块后最好放清水中浸泡，以免番薯块与空气
接触发生氧化而变黑。

椰汁西米露

椰汁西米露甜蜜可人，香甜不腻，一碗西米露，其间点缀着自己喜爱的各种水果丁，或放入两勺冰激凌，捧上一碗椰汁西米露，一边吃，一边窝在沙发里看片，感觉可不要太好哟。虽然感觉上制作技术很高端，但只要尝试两次，感觉并不难。

樱桃

椰子粉

牛奶
（或淡奶油）

西米

哈密瓜块

糖

菠萝块

材料

汤锅

工具

1 樱桃洗净; 椰子粉用开水搅拌均匀, 晾凉。

2 汤锅里放入清水大火烧开, 放入西米, 煮至西米外缘变得透明即捞出。

小唠叨
煮时要用勺子在锅里顺同一个方向匀速搅动, 以免黏锅。

3 将西米过一遍凉水, 再次下入汤锅煮, 到西米变成半透明, 只是中间有个小白点时捞出。

4 将煮好的西米再过一遍凉水。

小唠叨
西米不能煮得太熟, 以免影响口感。煮好的西米过凉水可以使西米口感更弹。

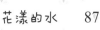

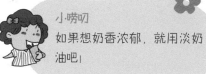

小唠叨
如果想奶香浓郁，就用淡奶油吧！

5 将西米放入容器中，放上菠萝、哈密瓜，倒入调好的椰子汁，加入少许牛奶（或淡奶油）、糖搅匀，再放上几颗樱桃。一碗椰汁西米露就大功告成喽！

 咸言蜜语

　　椰汁西米露是常见的甜品，西米是用从西谷椰树的木髓部提取的淀粉制成的，性温，能够健脾润肺化痰。椰子粉冲出来的椰汁是白色的，配上亮晶晶的西米，十分诱人。一个建议：在椰浆里加入蒸熟的芋头，可以让口感更好，并增加甜品的颜色——芋头与牛奶和椰汁混在一起，会现出温润的紫色，十分诱人。

海带绿豆糖水

　　这是一味夏天的清凉糖水，清清爽爽，真是从头凉到脚，透心凉。绿豆和海带都是寒凉的食物，清热解毒效果极佳，三伏天喝这糖水绝对提振精神。如果夏天中暑了，或者上火，多喝几碗海带绿豆糖吧~

生姜三片

干海带20克

绿豆100克

陈皮10克

冰糖适量

材料

小唠叨

如果选用新鲜海带，那就省了泡发这个步骤了。

砂锅

工具

 亲，来杯喝的

 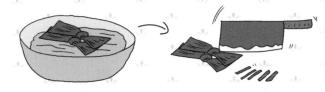

① 干海带提前一晚用水泡发，清洗干净，洗掉表面的黏液和杂质，切成块或者条。

将绿豆漂洗干净，去掉瘪的和空壳，放入清水中浸泡2小时以上；陈皮用水冲净。

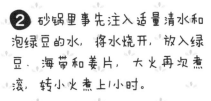 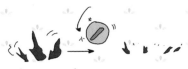

② 砂锅里事先注入适量清水和泡绿豆的水，将水烧开，放入绿豆、海带和姜片，大火再次煮滚，转小火煮上小时。

3 等到绿豆煮烂出沙后，再加入陈皮和冰糖，继续煮10分钟即可关火出锅。

 咸言蜜语

　　海带绿豆糖水身体虚弱、寒凉或者肝肾亏虚的人不能常喝，最好还是远远地观望吧。做这个糖水时，可以加上几片生姜，来缓解寒凉。

咸柠七

　　说起咸柠七，很多人可能只有从李碧华的小说中得个绰约的印象，但是其内容究竟为何，却未必清楚。其实，咸柠七不过是拿七喜汽水泡鲜柠檬。外地人大略只知道南方人爱喝冻鸳鸯，却不知炎炎夏日最好来一大罐咸柠七，那种刚烈刺激的味道顺着喉咙冲下去，腾腾的暑气顿时消弭无踪影。这是与赤焰相伴相生的清凉解暑饮料。

挽袖上阵

盐适量　七喜

小个青柠檬数个

材料

竹签

密封玻璃容器

工具

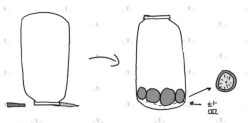

1 将青柠去蒂洗净，晾干。

2 将容器洗净晾干。在容器底部开始，撒上一层盐，码上一层青柠檬，逐层往上码。

小·唠叨
青柠檬最好用竹签密密地扎一些小孔，这样盐渍的时候才能更容易腌透。

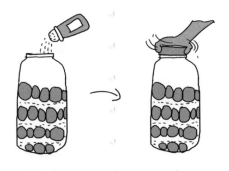

3 最后撒一层盐，将容器密封好，放入阴凉通风处腌制。期间用洁净无油的筷子翻动几次，让柠檬腌制更均匀。腌制6个月以上，就可以吃了。

4 将咸柠檬切片，放入冰块，倒入一罐七喜，气泡四溅，清凉气息自然就弥漫开来。

技高一筹

不论做什么，都需要耐心细心，用心与否是决定你做出的是泔水还是佳饮的关键。

1. 取用咸柠檬时一定要用干净、没有油的筷子，否则柠檬会变质。
2. 可以在冬至前后将其取出，再切片晒干。这种晒干的咸柠片可以随身携带，随时给你美好享受。

咸言蜜语

盐渍好的咸柠檬呈黄褐色，散发出类似陈皮的气味。咸柠七是一种重口饮料，刚入口时觉得有点咸，清凉之气瞬间直冲脑门，透到全身。让你忍不住打一个哆嗦，精神大振。也许你会觉得有甜有咸的味道很奇怪，不过，还是应勇于尝试吧，相信你会深深爱上它的。

名家谈美食

炎炎夏日，如果到茶餐厅，我一定点一杯"咸柠七"。不知谁发明这冷饮？

是泰国特色吗？但中国人以咸柑橘冲水喝化痰止咳已有千年历史了。

咸柠檬，经腌制后个子小了，还呈一种黯黄绿色，说卖相，其实欠佳。咸柠一个，洒大把碎冰，外加一罐七喜——看似不相干的组合，在长身的玻璃杯中，混成一杯酸、甜、咸、清、爽的冷饮，你暴力捣乱，首先是盐味刺激味蕾，再下来酸酸的，最后是甜，还有一股透心的凉意，令人暑气全消，心胸郁闷随一下嗝声驱逐出境。

每种饮品都有独特的配搭：鲜柠檬配可乐、青柠配梳打。而咸柠，当然有人配雪碧、梳打、蜜糖水……也许我先入为主，一定要配七喜。有了一个咸柠，连不太健康的汽水饮品，也变得讨喜。

在一般市井小店，或廿四小时营业的茶餐厅"名店"，伙计落单，都写"咸07"，那些忙不过气的男人，如目不识丁，"象形文字"人人懂。而且此名号粗犷伧俗，总叫人联想什么"依捞七"、"高脚七"、"鬼脚七"……完全没有上流社会况味。

有些名店，尤其是火锅店，亦为肚满肠肥满头大汗红脸的食客，提供"咸柠七"。但上桌的，是个贵气的高脚杯，盛白酒用的，咸柠切成块，碎冰七喜之余，杯口用一片新鲜柠檬或橙来装饰，某些还爱加朵花加块薄荷叶，呈上来，恍如特饮，收费亦贵，量少，猛力一吸已报销，一点也不痛快。但名店需要优雅．品味，再市井，得换件新衣。

……

　　——节选自李碧华《焚风一把青》中《咸柠七与两煲汤》（新世界出版社，2007年1月出版）

2
别样茶吧

蜂蜜红茶

　　立顿近年推出了蜂蜜红茶，大受年轻人欢迎。不过，吝啬鬼看看立顿的价格，撇撇嘴，还是自己动手吧，只消几分钟的时间，便能让自己享受一杯温暖甜润的蜂蜜红茶。再说了，红茶有那么多讲究，还是根据自己的习惯和口感，选择最适合自己的茶吧。不论大红袍、铁观音还是正山小种，只要适合自己口感与肠胃的，就是好茶。

挽袖上阵

蜂蜜红茶其实做法再简单不过，絮叨一遍，大家就清楚了。

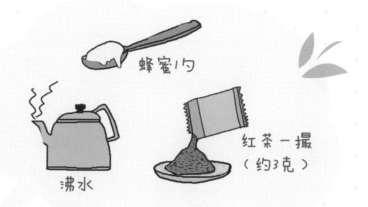

蜂蜜1勺

沸水

红茶一撮
（约3克）

材料

红茶杯

小茶壶

工具

亲，来杯喝的

去找收捅吧！

1 将红茶放入茶壶中，倒入沸水冲泡。

2 浸泡1分钟，倒出茶水，稍微晾一晾。

3 加一勺蜂蜜，调匀即可。

咸言蜜语

1. 蜂蜜红茶有讲究，因为蜂蜜必须在30~40℃的水中冲泡，否则有些营养物质被高温破坏，所以红茶需先泡好稍晾，再加入蜂蜜调匀。

2. 蜂蜜的选择也有讲究，蜂蜜虽然是养胃润肠之物，可是不同的花蜜有不同的品性，有的寒凉有的温热。胃寒的同学们，还是小心一点，选择一些温暖的花蜜吧。

3. 1杯喝完再调1杯，红茶茶叶泡个3、4次完全没问题。如用红碎茶的茶包泡红茶，只泡一次。

蜂蜜柚子茶

　　不知道何时起，蜂蜜柚子茶在超市里悄然出现。据说这是韩国人的日常饮品，韩国"美眉"那饱满润泽的肌肤就是喝这个喝出来的。韩国人酷爱蜂蜜，认为蜂蜜能够解毒，对人体有诸多好处，柚子清香美颜，蜂蜜柚子茶无法不讨喜！

挽袖上阵 这一款蜂蜜柚子茶做法很简单，但有些工序得千万注意。

柚子1个

盐适量

冰糖少许

蜂蜜500克

材料

汤锅

密封玻璃瓶

工具

❶ 将买来的柚子清洗干净，用适量食盐揉搓表皮，再将整个柚子放进五六十度的热水中浸泡10分钟，轻轻洗掉表皮的蜡质。

小唠叨
划开的柚子皮剥下来就像莲花花瓣的形状。

❷ 用刀将柚子从蒂到脐纵向划几刀，深度为大概估计柚子皮的厚度，然后一片一片剥下柚子皮。

❸ 柚子皮放在砧板上，片下黄色的表皮部分，切成细细的丝。白色部分不用。

盐水

1小时…

放入淡盐水中浸泡1个小时，稍稍搓洗，用清水稍冲洗，以去除柚子皮的苦味，沥干水分。

4 去掉柚子肉外面的白色筋膜，将柚子肉剥出来，顺着纹路撕成小块。

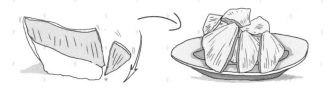

5 汤锅里放入适量水和冰糖，待水开后，放入柚子皮煮。柚子皮煮到半透明时，将柚子肉放进锅里，一同煮开，然后转小火煮1个小时左右。

小唠叨
煮柚子皮肉的时候，要不时搅拌，以免煳锅。

亲，来杯喝的

6 将煮好的柚子皮肉晾凉至温热，加入蜂蜜搅拌均匀，待放凉后，再装入玻璃密封瓶中。

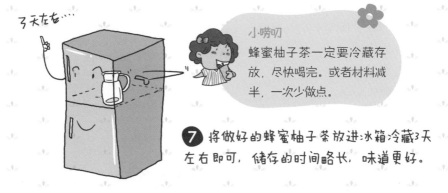

3天左右……

小唠叨

蜂蜜柚子茶一定要冷藏存放，尽快喝完。或者材料减半，一次少做点。

7 将做好的蜂蜜柚子茶放进冰箱冷藏3天左右即可，储存的时间略长，味道更好。

咸言蜜语

蜂蜜柚子茶的味道清香可口，是一款具有强大功效的美容饮品，能够美白祛斑、润肤养颜、祛痘消毒，长期饮用蜂蜜柚子茶还可以减少电脑的辐射损伤，使肌肤嫩白通透。

柠檬红茶

柠檬红茶，可是让人极为喜欢的茶饮，红茶的醇香与柠檬的清洌合二为一，香浓滋味让人心旷神怡。在寒冷的冬日喝一口热的柠檬红茶，一股暖流顺着喉咙缓缓滑下，顿时觉得口齿留香；在炎炎的夏季喝一口冰冻柠檬红茶，冰爽宜人，暑气瞬间被蒸腾出去。

柠檬

白砂糖

红茶

材料

保鲜膜

玻璃碗

茶杯

工具

作法

柠檬　　　　　白砂糖

底部撒上一层白砂糖，放一层
柠檬。如是反复，再在最上面
一层撒上白砂糖。

♪洗刷刷……

1 柠檬洗净切薄片。

盖上保鲜膜。

2 取一个玻璃碗。

放入冰箱中冷
藏两天以上。

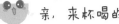 亲，来杯喝的

 救命！

3 取出腌好的柠檬片放入茶杯中。

4 用温水冲洗一下茶叶（1.2克），再将茶叶放在柠檬片上面。

小唠叨

如果想爽利一点，就先泡好红茶汤，再切一片柠檬飘在茶里就行。这样没有茶叶飘浮。

 沸水

5 冲入沸水，之后根据自己的口味调入白砂糖或者蜂蜜即可。

咸言蜜语

1. 腌制柠檬前，需要提前将柠檬放入40度左右的温水中浸泡10分钟，以便使柠檬表皮的果蜡析出。再用纱布轻轻擦掉表面的果蜡。这样操作之后的柠檬营养成分能够释放更多，口感也更好。

2. 鲜柠檬十分酸涩，将柠檬切片用白砂糖腌渍两日，味道更加醇厚香浓，涩味不再。

3. 柠檬红茶可做热饮，也可作冷饮。如果想做冷饮，需要另外冲泡红茶。在茶杯中放入大量冰块，冰块上放入柠檬片，再将泡好的红茶冲入，一冷一热，激出冰柠檬的劲爽。

桂圆红枣茶

这是一味甜蜜芬芳的茶饮，桂圆、红枣、红糖都是甜蜜之物，再加上辛辣芬芳的生姜，味道着实诱人。桂圆红枣茶，这是一味滋补暖身佳品，可以调补肾阳、暖胃、养血安神。对于身体虚弱的老人、课业繁重的学子，或者体虚寒凉、气血不足的女士是很好的调补饮料。

挽袖上阵

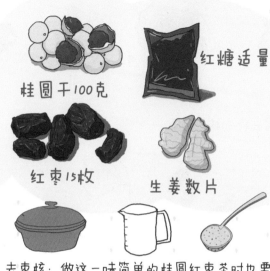

桂圆干100克

红糖适量

红枣15枚

生姜数片

材料

技高一筹

1. 去枣核：做这一味简单的桂圆红枣茶时也要注意，因为枣核极易上火，煮茶时要预先去掉枣核。

2. 滤渣滓：桂圆和生姜片煮了30分钟，有效成分大半已经析出溶在茶中。为了茶水的口感，最好用漏勺滤掉渣滓。

作法

❶ 将红枣洗净，掰开，去掉枣核。

❷ 桂圆去壳去核，洗净。

❸ 将红枣、桂圆和生姜片一同放入汤锅中，加入1升水，大火烧开，转小火焖煮30分钟。

❹ 用勺子在锅内将红枣的果肉打烂，用漏勺过滤掉渣滓，将茶水倒入玻璃瓶中。

❺ 依据个人口味，加入适量红糖调味即可。

倫勤持家！这些材料还可以再煮一次~

 **咸言蜜语**

并不是人人都适合喝这味茶。因为桂圆干益气补血，性平偏温热，红枣补血养胃，也是温热之物，再加上滋补性热的红糖，一般体质偏热的人可是无福消受，而虚寒体质，手脚寒凉，四肢不温，气息虚弱的人最适合喝这味茶了。尤其是女生在月经期间，喝桂圆红枣茶，能够缓解经痛。

加味桂圆红枣茶

加味黄芪

中医中讲气与血相辅相成，互相影响。红枣补血，桂圆、黄芪补气。黄芪味甘性温，具有利水消肿、排毒、生肌的功效，能够增强免疫力，促进身体血液循环。如果气虚盗汗，身体出现浮肿现象，可在茶饮中加入适量黄芪调补。用薄薄的1、2片即可。

加味枸杞

枸杞性平，能够滋补肝肾，具有明目、润肺与抗衰老的功效。如果你觉得自己头晕目眩、腰膝酸软、视力下降，那多半是肝肾不足，加点枸杞最好，枸杞独有的香甜味也为这道茶饮增色不少。但是，感冒的时候千万不要用枸杞。

加味当归

当归，女性滋补圣品，月经不调、痛经、风湿痛、跌打损伤、肠燥便秘等都可以用当归来调理，以达到补血、活血、通血路的功效。气血足了、通畅了，身体自然就好起来，气色也会红润起来。但是要注意少用，当归味道极苦，否则甜蜜香茶变为苦药。

蒙古奶茶

蒙古奶茶和酥油茶有异曲同工之妙，都是日常饮品，可以解肉食油腻、补充营养。也是砖茶，也是咸甜口味，也是一日三餐的必备饮品。不过蒙古奶茶和酥油茶在制作上略有不同，口味也不尽相同。

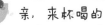

挽袖上阵　有些蒙古奶茶还会加上牛肉干、炒米等辅料。

牛奶　砖茶　盐

黄油　蒙古炒米

材料

汤锅　水壶

奶锅

工具

作法

① 用水壶烧一壶滚水。

小·唠叨

牛奶与茶水的比例一般是5：1，假如茶水1250克左右，则需要1袋250克的牛奶。

② 取需要分量的牛奶倒入奶锅中，加入黄油，用小火煮开。

渣滓滤出

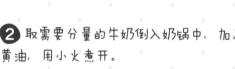

③ 掰碎一块砖茶，放入汤锅中，将滚水冲入，开大火煮沸，转小火，煮10分钟，焖一会儿，直到茶汤变成棕红色，再转小火熬煮。将茶汤中的渣滓滤出，只留茶汤在锅里。

4 用勺子将热牛奶一勺一勺舀入茶汤中，边加边搅动，牛奶全部加入后再开火煮沸，然后关火。

5 加盐调味，搭配炒米饮用。

+

蒙古炒米

 咸言蜜语

　　蒙古奶茶是蒙古人日常的饮品，喝茶时要搭配炒米、黄油、奶豆腐之类小食泡着吃，既能御寒，还能果腹，补充因吃不到蔬菜而缺少的维生素。煮好后的奶茶最好及时饮用，以免色香味丧失。

冬瓜茶

　　这是道在台湾有上百年的历史，材料非常简单易得，就是冬瓜和糖，没什么多余的添加，但是这道茶饮的制作却十分考究。冬瓜茶能够清热解毒、生津止渴、清肝明目，是夏日里的惬意饮品啊。

亲，来杯喝的

 挽袖上阵 这道冬瓜茶，虽然材料简单，可是想要做好，的确还不是件能够偷懒的事，小伙伴们仔细看我操作哈。

冬瓜　红糖

冰糖

材料

砂锅

纱布　玻璃罐

工具

作法

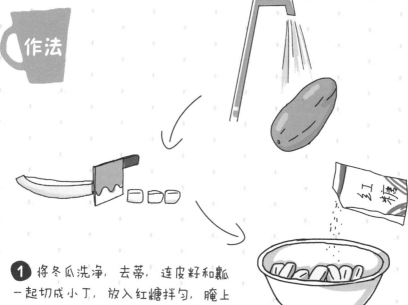

1 将冬瓜洗净，去蒂，连皮籽和瓤一起切成小丁，放入红糖拌匀，腌上半小时。

小唠叨

红糖和冰糖一样都不能少，用量要自己控制了，想减肥就少用。

2 腌冬瓜中加入冰糖，大火煮开，转小火，保持开而不沸腾的状态煮2个小时。

3 等冬瓜基本上煮化，变成咖啡色透明状，糖水变成了黏稠的糖浆时就可关火了。

关

4 将细纱布洗净，用开水烫一下，把锅里的冬瓜浆倒在纱布上，过滤出汤汁入玻璃罐中。

5 将冬瓜汤汁晾凉，放入冰箱冷藏。想喝时取出来用水冲开搅匀，便是甜津津的冬瓜茶了。

咸言蜜语

　　冬瓜利水，被烹制成冬瓜茶后功效更显著，想瘦的妹妹试试这道茶吧，你的脸蛋会越来越小巧紧实，小蛮腰也会越来越纤细的。冬瓜茶里也可加上粉圆、椰果、仙草、汤圆、柠檬、乌龙茶等，可冷饮可热饮，一切随心。

肉桂花果茶

　　肉桂花果茶，光听这名就够诱惑的吧？肉桂，我们日常所食的桂皮，就是这肉桂树的树皮。香气扑鼻的肉桂粉搭配上馥郁的玫瑰花和香甜的水果块，你想想该是什么样的味道？煮出来的花果茶还能不好喝吗？

挽袖上阵

做这样的花果茶除了细心，并不需要多高的技术，自己发挥一下，做出来的花果茶饮都应美味之至。

玫瑰花

肉桂粉

苹果

橙子

桃

菠萝

冰糖

材料

小汤锅

玻璃茶壶

筛子

工具

作法

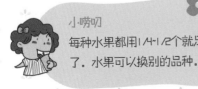

小唠叨

每种水果都用1/4-1/2个就足够了。水果可以换别的品种。

1 将苹果、桃洗净去核，去皮切块备用；菠萝切块，放入盐水中浸泡；橙子去皮切块。

② 在汤锅放入适量清水，放入适量肉桂粉，用大火煮开。将火关掉，盖上盖子，焖一两分钟，再将肉桂水过滤一遍，仍旧倒回锅中。

③ 将苹果块、桃子块、橙子块、菠萝块都放入锅中，大火煮开，转小火加盖焖煮至水果变软。

小唠叨

肉桂粉质地有粗有细，为避免口感不好，还是先过滤一下。

④ 将洗过的玫瑰花蕾放入玻璃壶中，然后将锅中的水果块连同煮的汤水一起倒入玻璃茶壶中，加入适量冰糖。这样就可以享受喷香味美的肉桂花果茶啦。

咸言蜜语

　　肉桂粉味甜而辣，有浓郁的香气，能够温中补阳、散寒止痛、活血通经、促进血液循环。不过肉桂煮出来的水会略带酸味，加点儿糖可以调和。玫瑰花馥郁芬芳，活血通经，美容滋补。这道茶温暖滋补、甜蜜芬芳，身体虚弱、寒凉怕冷的姑娘们可以多喝这道茶。

山楂荷叶茶

　　春夏之际，姑娘们开始犯愁：脱下厚厚的冬装，又要减肥。试试这个——山楂荷叶茶。山楂荷叶茶能降脂、健脾、降血压、清心神，还能够预防肥胖症、高血压、动脉硬化。因为荷叶比较寒凉，担心伤脾胃，所以我们在茶饮中加入了些大枣，同时也补气血，增加甜味。

红枣4颗

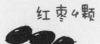

冰糖适量

干荷叶15克

山楂干10克

甘草5克

材料

砂锅
（玻璃茶壶也可）

工具

1 将干荷叶洗净后，放入清水中浸泡10分钟。

小唠叨

有妹子问，为什么要干荷叶，新鲜的不是更好吗？诚然，如果有新鲜的，当然更好，不过新鲜荷叶分量要翻倍。

2 山楂干放入清水中浸泡5分钟，洗去杂质备用；甘草也如法炮制；红枣洗净，用刷子刷去缝隙的脏东西，用水冲洗干净后掰开备用。

3 将泡荷叶的水与荷叶一同放入砂锅中，放入山楂干、甘草和红枣，开大火，煮沸后转小火再煮10分钟。

❹ 根据个人口味，调入适量冰糖，关火加盖焖两分钟即可。

 咸言蜜语

上面给大家介绍的是用汤锅煮出来的荷叶茶，用保温水杯或者茶壶冲泡也可以。此外。山楂能活血化瘀，女生例假期间和怀宝宝的准妈妈千万不要喝这茶。

八宝茶

中国人做什么都讲究个好彩头，腊八吃八宝粥，喝茶也有八宝茶。八宝茶，是古丝绸之路上的回族和东乡族人待客的传统饮料，也被称为"三炮台""盖碗子"。这种茶是用茶叶打底，放入枸杞、红枣、核桃仁、桂圆肉、芝麻、葡萄干、苹果片、冰糖等，香香甜甜，味道独特，还能够滋阴润肺、清咽利喉。现在配方多有变化，但不论里面有几种材料，仍称八宝茶。

挽袖上阵

桂圆3颗

红枣4颗

枸杞几颗

玫瑰花几朵

葡萄干10粒

甘草2片

芝麻1小勺

冰糖适量

核桃仁几块

莲子芯几粒

杭白菊3朵

绿茶1克

材料

小唠叨

配方也是因人而异、随情况更改，上火时略微加重绿茶和杭白菊的比例，平时喝按这个分量配比就好。如果用盖碗，所有材料酌减。

茶壶

水壶

工具

作法

小唠叨
红枣洗过后最好要掰开，桂圆也一样。

1 将冰糖以外的所有材料放入壶中，倒入一点沸水，滋润材料后倒掉。

泡一会…

2 所有的材料和冰糖放入茶壶中，冲入沸水，盖上盖子，焖上个五六分钟，即可饮用。

咸言蜜语

八宝茶可以多次冲泡，每一次冲泡，味道感觉都不太一样，里面的各种材料会慢慢释放出自己的味道。

金橘茶

金橘，颜色鲜黄诱人，味道芬芳馥郁，和一般的柑橘类果实不一样，金橘最好吃的是外面那一层皮，而不是里面的瓤。但是金橘瓤和皮一样具有止咳化痰生津理气等功效，它还能预防感冒，提高机体免疫、抗寒能力。秋冬季节受寒，熬姜枣汤或泡金橘茶祛除寒气都不错。

金橘
（适量）

冰糖

蜂蜜

盐

材料

砂锅

叉子

玻璃罐

工具

1 将金橘洗净，放入淡盐水中浸泡半个小时，再用清水冲洗干净，摊开，晾干表皮水分。

晾干

小·唠叨

因为金橘要吃皮，所以我们要特别注意，用盐水或者淘米水、小苏打将表皮的脏东西洗净。

2 将金橘切开，用叉子将里面的子去掉，再切成小块。

冰糖煮化
放金橘

3 砂锅里放入少许清水，放入适量冰糖，将冰糖煮化后，倒入金橘。

4 开小火熬制金橘糖水，直到糖水逐渐变少，呈现出淡淡的金色，关火，让金橘在锅中放凉。

密封

5 待金橘糖水凉后，放入事先处理好的密封玻璃罐里，表层上倒上一层蜂蜜，密封。一天后就可以食用了，并且金橘越放味道越浓郁。

 **咸言蜜语**

　　做好的金橘茶可以存放很久，随用随取。茶的味道香香甜甜的，十分惹人喜欢，大人小孩都能喝，也都爱喝。建议大家秋冬季节常备这么一瓶金橘茶。

缤纷水果茶

　　喝茶是中国人自古的喜好，可是茶从古至今经过了许多变迁。早先人们喝茶是将茶研磨成粉，煮茶汤喝，在茶汤里加入葱和盐，呵呵，很奇怪吧？现代则完全不同了。这个水果茶，正统喝茶的人肯定不屑一顾，觉得是乱弹琴，可是它的味道浓郁甜蜜，真是好喝啊~

挽袖上阵

水果自选，甜度随意啦~

蜂蜜适量

白糖适量

菠萝1块

甜橙半个

苹果半个

梨半个

草莓2个

材料

水壶

茶壶、加热底座

工具

亲，来杯喝的

1 所有水果洗净，切成小块。
用水壶煮开一壶水。

2 将处理好的这些水果块都放入水壶里，
加入沸水，点燃蜡烛小火慢煮。

小唠叨
想放入红茶包的煮后放入即
好，泡一会儿就可以取出。

3 喝时倒出水果茶，根据个人口味调入适量蜂蜜和白糖。

 咸言蜜语

　　水果需要先煮沸，这样才能把水果的味道完全释放出来。这几样水果本身就很甜，加入糖和蜂蜜不要多，以免掩盖水果原本的风味。水果茶宜边聊边喝，小火慢炖。

洛神花果茶

洛神花泡后氤氲的，香艳的红，带一丝丝诱惑。它的学名叫玫瑰茄，不过想象不出来跟茄子有什么关系，倒是洛神花这名字来得更贴切一些。洛神花茶可以冷饮可以热饮，可以单独冲泡，也可以搭配各种水果、果汁或者其他原料。因为洛神花带有一定酸味，所以冲泡的时候可以酌量加一些冰糖或者蜂蜜。

玫瑰花几朵

蜂蜜适量

梨几小块

洛神花2克

柠檬1片

甜橙几小块 苹果几小块

材料

茶壶、加热底座

工具

作法

1 将洛神花和玫瑰花分别用温水略冲一下，洗去表面的浮尘，沥干水分。

将甜橙去皮切成小块；苹果、梨去皮切小块各取几小块备用。

开水

2 将处理好的水果丁放入茶壶中，水煮开，冲入壶中，挤上几滴柠檬汁点燃蜡烛慢慢煮开。

③ 洛神花放入茶壶中焖泡一会儿即可倒入茶杯中饮用，待水果茶稍凉一些，调入适量的蜂蜜。

 咸言蜜语

注意不要用软烂的水果，像是猕猴桃、香蕉、百香果之类的，很容易煮烂，看上去不美。这一款花果茶冰镇以后味道更好。

清肺茶

　　雾霾成了全国人民的共同话题，灰蒙蒙的天，高发的咳嗽……除了每天戴口罩外，还能怎么办呢？多喝汤多喝茶，帮助肺部清除垃圾吧。这道清肺茶可以帮助我们的肺更强健。

川贝10克　杏仁20克　冰糖适量

海底椰10克　雪梨1个

无花果30克　百合15克

材料

砂锅

工具

1 将杏仁、海底椰和百合都洗干净；无花果冲洗，用软毛刷子刷去果皮凹陷处的杂质。

小·唠叨
一定要掰开无花果仔细检查，因为无花果含糖分太高，容易招引虫子，很多虫子会躲在花心里。

2 将雪梨清洗干净后，从中间剖开，挖去核，切成大块备用。

3 杏仁、海底椰、百合和无花果一同放入砂锅里，加入几碗水清水浸泡半小时。

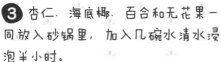

浸泡半小时

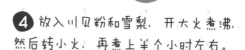
④ 放入川贝粉和雪梨，开大火煮沸，然后转小火，再煮上半个小时左右。

小唠叨

川贝最好是在药店买的时候就请药剂师帮忙研磨成粉末。

⑤ 加入适量冰糖，搅拌一下，然后关火。

关火

☕ **咸言蜜语**

　　这是一道典型的清肺安神茶饮，百合能够补益心肺、安心宁神，川贝能够清热生津润肺，雪梨也能生津润肺，海底椰也滋阴润肺，集中食材组合在一起，让它们好好地体贴一下我们的肺。

菊花普洱茶

　　菊花普洱茶是我国南方沿海地区，尤其是广东、香港和澳门一带的常见茶饮，称"菊普"。菊花清热解毒，性寒凉，普洱茶性温和，香气悠远低沉，用菊花来配搭，正好冲破了普洱的陈年气息。年纪稍长的人喜欢普洱，年轻人喜欢菊花，两相欢喜~

挽袖
上阵

干菊花几朵

普洱茶2克

材料

盖碗

水壶（或随手泡）

工具

 亲，来杯喝的

1 普洱茶与菊花一起放入盖碗中。

小唠叨
普洱茶如果是压成饼的，就从边上撬起一小块，如果是散茶就方便了。

2 烧水壶里烧开水，冲入碗中，半碗即可，稍微转一转，使茶叶和菊花浸湿，然后倒掉。

小唠叨
这样做称为醒茶，目的是醒发茶叶，冲去茶叶表面的灰尘。

❸ 再次往盖碗里注入沸水，盖上盖子，泡一下。根据个人口味决定浸泡时间长短。

 咸言蜜语

　　喜欢加糖的可以在茶汤里加入适量冰糖。这是一款瘦身助消化的茶饮，能够帮助我们排毒降火气，尤其对于成天工作在电脑前的上班族来说，更是很好的饮品。

玫瑰乌龙茶

　　玫瑰是女性之花，玫瑰花能够活血美颜，乌龙茶被人称作减肥茶，消食减脂。玫瑰乌龙茶能让人身心得到放松，缓解紧张情绪，且不论它对身体的好处，玫瑰花蕾落在乌龙茶大片的茶叶间，随着茶水轻荡，好美。

玫瑰花几朵

乌龙茶叶2克

材料

茶杯

水壶

工具

① 将玫瑰花和乌龙茶叶放入茶杯中。

② 烧水壶里煮沸水，将少量沸水浇在玫瑰花和乌龙茶上面，浸湿茶叶后倒掉水。

③ 再次往茶杯里冲入一杯沸水，泡2分钟，你就能享受美味的玫瑰乌龙茶了。

 咸言蜜语

因为玫瑰花有迷人的芳香，能够提振身心，让人神清气爽，所以备受喜爱，玫瑰花提取物是许多食品和化妆品的主要添加剂。玫瑰花有活血功效，故不宜久饮和大量使用。

大麦茶

近些年来，大麦茶越来越风靡。爱美的女士相信，喝大麦茶能够清除肠道垃圾，刮去油脂，是减肥利器。大麦茶是中国、日本、韩国民间常饮的一种饮料，有浓浓的焦香和麦香但不刺激，味道香浓，很好喝。

挽袖上阵

做好喝的大麦茶，主要是炒制大麦。炒大麦有诀窍，我们得看清楚咯。

大麦

材料

炒锅

细筛子

水壶

工具

作法

1 将大麦捡去杂质，用细筛子将大麦茶仔细筛一遍。清洗干净，沥干水，晒干

小唠叨

这道工序千万不能省略，否则，大麦茶浮沫太多，影响口感。

2 炒锅用小火烧热，将晒干的大麦放入，用铲子翻炒均匀。

3 至大麦颜色逐渐转深，变成褐色时即可盛起，放凉。

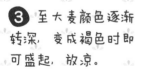

小唠叨
当然了，如果图省事，每天带一小包大麦茶，用沸水冲泡也不错。

 煮一壶开水，放入适量大麦茶，煮5分钟即可。

咸言蜜语

大麦味咸，性温微寒，有去食疗胀，消积进食，平胃止渴，消暑除热，益气调中，宽胸下气，补虚劣，壮血脉，益颜色，实五脏，化谷食之功。大麦茶能够降温祛暑，清热解毒，健脾合胃，去腥膻和油腻，帮助消化，还能使得皮肤润泽，头发乌黑。是一味不可多得的日常健康饮品。不过哺乳期的妈妈要小心，大量饮用大麦茶会回奶。

罗汉果菊花茶

　　罗汉果是广西著名的特产，味道甘甜，性凉，能够清热润肺、止咳化痰、润肠通便，许多老人年纪大了，喉咙里老感觉有痰，于是便泡罗汉果来喝。菊花也是性寒凉，两者搭配，清热解毒去火的功效加倍。罗汉果甜甜的，和菊花一起冲泡，味道更好，根本用不着放糖。

挽袖
上阵

干菊花几朵

枸杞10粒

罗汉果半个

材料

茶壶

茶碗

工具

亲，来杯喝的

1 将枸杞和菊花用清水冲净，放入茶碗中备用。

2 罗汉果洗净，将外壳敲破，掰成小块，连壳带瓤一起放入茶壶，冲入沸水，盖上盖子泡10分钟。

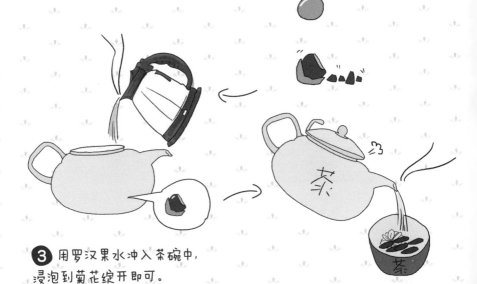

3 用罗汉果水冲入茶碗中，浸泡到菊花绽开即可。

 **咸言蜜语**

　　罗汉果、菊花和枸杞都有滋阴润燥清肺明目的功效，如果觉得自己嗓子不舒服，或者受热了需要解暑，或者眼睛干涩，都可以尝试一下这道罗汉果菊花茶。在挑选罗汉果的时候要选择个头大且外壳坚硬、形状较圆、颜色泛黄褐色或者黄褐色中带一点藏青的为好。

丝袜奶茶

　　丝袜奶茶，这可是最具香港特色的奶茶，港人对其情有独钟，口感细腻绵滑嫩，味道香浓，茶的味道、奶的味道融洽地相融合。其实，丝袜奶茶并非奶茶的品种，是因为冲泡过程中经过过滤，奶茶格外柔滑。过滤？是用丝袜吗？

挽袖上阵

红茶8克左右

热牛奶

糖

材料

不锈钢过滤网

加热底座

加热蜡烛

水壶

茶壶2把
（容量400毫升左右）

奶杯

红茶杯

工具

亲，来杯喝的

1 将茶叶放入一个茶壶中，冲入沸水，放在加热底座上，点燃蜡烛，保持微沸，熬煮至茶水颜色红浓，把茶水通过滤网过滤到另外一个茶壶中。

小唠叨
一般牛奶和茶汤的比例为1:3，每个人口味不同，可以稍作调整。加糖随意。

2 茶水倒入红茶杯中，半杯即可。

3 将热牛奶加入红茶杯中，至八成满杯。加糖调匀

 咸言蜜语

　　有关"丝袜奶茶"名字的缘起，有人说是因为最早这种茶是用丝袜过滤的，所以口感才这么细腻。实际上，这是个美丽的误会。最开始，这种奶茶是一家林姓人在香港中环附近开设的大排档制作和售卖，装茶的布袋经过多次使用，呈现咖啡色，码头工人以为是丝袜，每次来点一杯"丝袜奶茶"，所以"丝袜奶茶"就这样传开了。

　　丝袜奶茶是港式奶茶的经典款，也是入门款，根据个人的口味，可以加入珍珠果、芒果、蜜豆等，还可以做成冰奶茶。冰奶茶也是同样准备好奶茶，在最后步骤中加入适量冰块。总之，丝袜奶茶可以有多种多样的变化，层出不穷，但是味道一如既往的美好甜蜜。

3

天然营养液

西芹蜂蜜汁

　　西芹根株较大，茎比较脆，味道相对清淡，常用来做沙拉或者清炒；香芹根株较小，比较柔嫩，香气浓郁扑鼻，用来搭配荤菜更合适。西芹百合是一道名菜，翠绿与洁白相映成趣，看着清爽，吃起来更清爽。不过，我们今天不动锅铲，照样给大家做出营养美味的芹菜汁来。

挽袖
上阵

莴笋半根

蜂蜜适量

鲜百合1个

西芹1棵

材料

汤锅

食物料理机

工具

作法

1 将西芹一根根掰下来，去掉老梗和老叶子，切掉根，用水冲洗干净，切成段。汤锅里坐水，大火烧开，将西芹段放入烫一下，立刻捞起来切成小段。

2 莴笋掰掉老叶子，削去表皮，将莴笋尖放一旁另用。莴笋切成小丁备用；鲜百合去掉表皮，去掉根，一瓣一瓣掰下来，用水洗净。

小唠叨
莴笋尖可是无上的美味啊，尤其是下火锅，鲜嫩碧绿，满口清香。这里是榨汁，就不暴殄天物了。

3 将西芹、莴笋丁和鲜百合放入食物料理机中，酌情加入少量水。

小唠叨
其实百合十分清甜，芹菜中不加蜂蜜也可以。

④ 启动机器，所有原料打碎，倒出西芹汁，根据自己的口味，调入适量蜂蜜。

咸言蜜语

　　因为西芹口感不够好，一般不生吃，焯水后芹菜控制血压的效果更好些，所以要事先焯水，而莴笋是可以生吃的菜蔬，就不用事先过水了。

　　也可以用滤网滤去原料渣，口感好些，但损失了不少食物纤维。如只想喝汁水，也可以用榨汁机直接取汁。

鲜榨橙汁

　　橙汁是许多人的最爱，不论是超市里罐装的、盒装的，抑或是自己家鲜榨的。橙子富含丰富的维生素C，能够养颜美白抗衰老，补充身体活力，果肉中的纤维素能够帮助肠胃蠕动、运化，果糖又能给身体提供能量。维生素C很容易在空气中氧化，所以，最好是现榨现喝。

挽袖上阵

橙子3个

凉白开适量

材料

手摇榨汁机

工具

作法

❶ 将橙子洗净，去皮，一瓣瓣瓣开。

❷ 将橙子放入固定容器里，用手摇榨汁机慢慢摇，将橙子里的果肉全都搅碎压榨出来。

❸ 榨出来的橙汁太浓太甜，可以加入适量凉白开对一下，调匀再喝。

咸言蜜语

橙子酸酸甜甜的，美味可口，又富含维生素C，博得众人青睐。对于爱美的女士来说，想要皮肤鲜嫩光滑，与其花成千上万去买各种奢侈护肤品，不如每天早上鲜榨一杯橙汁喝下去。橙汁是最容易做的，除了手摇榨汁机，料理机什么的都能用来榨橙汁。因为橙汁不必太纠结果肉与果汁是否分离。

鲜榨西瓜汁

　　西瓜的汁水足，咬一口下去，汁水四溅，用得着榨成汁吗？这个问题要你喝一次鲜榨的西瓜汁才明白，这西瓜汁原来有它独特的魅力。鲜榨的西瓜汁清凉可口，免除了吐西瓜籽的麻烦，不会弄得满手满脸都是西瓜汁，黏糊糊的，而西瓜的营养成分也没损失。

挽袖上阵

西瓜半个

材料

滤网

食物料理机

工具

作法

1 将西瓜外皮洗净，用勺子一勺一勺地将
果肉舀出来，去掉瓜籽，放入料理机中。

适量

2 按照料理机所提示的刻度线，装入
适量清水。

小唠叨
水不要没过刻度线，加水适量
即可。

果汁键

3 盖上料理机的盖子，启动机器搅打
时长大约半分钟。

❹ 半分钟后，将西瓜汁经过过滤网倒出来，只取用红红的汁水，倒掉渣滓。

 咸言蜜语

看过《西游记》吗？师徒四人过火焰山，烈日炙烤，烤得人口干舌燥，浑身像要冒烟似的。在这个当口，孙悟空去化缘，居然化回了半块西瓜！在炎炎夏日里，西瓜可是宝贝啊。如果吃西瓜不方便，你可以早晨就榨一杯西瓜汁，装在保温杯里，放到单位去，渴了随时打开喝两口，太享受了吧。

南瓜玉米汁

　　南瓜和玉米，之前都被看成是上不得台面的东西，是穷人的吃食。现在不同了，多少高档食府的菜单上都少不了南瓜、玉米、红薯之类的粗粮。粗粮虽然健康，但这些食物纤维较粗，口感不是人人都喜欢，那就试试南瓜玉米汁吧，绝对营养美味，包你喝过一次想两次。

挽袖
上阵

南瓜1小块

甜玉米2根

黄瓜1根

凉白开适量

材料

蒸锅

榨汁机

汤锅

工具

作法

1. 将南瓜洗净，去籽去瓤，切成块，放入蒸锅里蒸熟，晾凉，碾成泥。

2. 玉米去掉叶子和须放入汤锅中将玉米煮熟。

捞起来，用小刀从根部开始撬下玉米粒，或者直接用刀削下玉米粒备用。

③ 黄瓜洗净，去尾去蒂，削去表皮，切成小块。

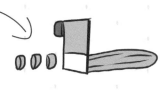

④ 将玉米粒、南瓜泥和黄瓜都放入榨汁机中，倒入适量煮玉米的水，启动"榨汁"，2分钟即可。

"榨汁"

⑤ 一杯营养美味的南瓜玉米汁就做好了。

 咸言蜜语

　　南瓜玉米富含淀粉和蛋白质，但水分含量较少，加入清爽的黄瓜，既增加了汁水，又缓解了厚重的口感，更容易让人接受。

椰奶芒果汁

　　芒果，香香甜甜的热带水果，橙黄香甜的果肉，馥郁的香气特别诱人，也是各种甜品的绝佳配果，芒果冰沙、芒果布丁、西米露，提起名字就叫人口水直流。椰子汁是清凉甘爽的，但是椰奶却多了几分浓郁和香甜。

挽袖
上阵

芒果2个

椰奶1罐

砂糖适量

牛奶1袋

材料

食物料理机

工具

亲，来杯喝的

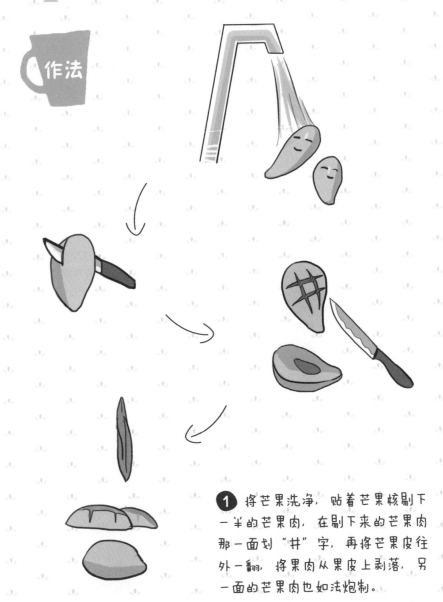

① 将芒果洗净，贴着芒果核剔下一半的芒果肉，在剔下来的芒果肉那一面划"井"字，再将芒果皮往外一翻，将果肉从果皮上剥落，另一面的芒果肉也如法炮制。

2 将处理好的芒果肉块放入食物调理机机里，再倒入约350毫升左右的牛奶。

3 再倒入差不多与牛奶等量的椰奶，如果觉得不够甜，可以加入适量砂糖，之后按下按钮打成均匀的果汁。

咸言蜜语

牛奶配上芒果自然也很美味，可是椰奶更有一种清甜的味道，二者搭配起来，更显出芒果的醇厚与香甜。由于芒果果肉细腻，打碎就好，不用滤除果肉。

柠檬百香果汁

柠檬有青柠和黄柠檬两种，不论哪一种，都有着浓郁的香气，闻起来十分开胃，可要说把它当水果来吃，就没谁敢做了。柠檬更多是用来作为一种调味品，不管在菜肴还是果汁中，只要加了一点柠檬汁，味道顿时不一样起来。有柠檬的果汁大多很开胃，喝前准备好零食吧。

挽袖
上阵

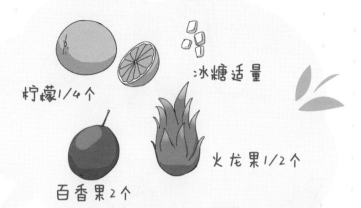

柠檬1/4个

冰糖适量

火龙果1/2个

百香果2个

材料

食物料理机

工具

① 将百香果洗净，用力掰开，挤出里面的果肉和汁水。

② 火龙果用小刀在蒂上划一刀，顺着那道口子撕掉表皮，将果肉切成小块备用。

小唠叨
凉白开千万别倒多了，不要没过警戒水位。

③ 将准备好的百香果和火龙果果肉倒入料理机里，挤出柠檬汁，倒入适量凉白开。按下"搅拌"开关，大约1分半钟即可。

❹ 将搅拌均匀的汁水倒出来，根据个人口味，加入适量冰糖调味。

 咸言蜜语

　　用"搅拌"键，原因是百香果籽的口感实在太好了，咬起来酸酸、QQ的，又弹又滑。另外，火龙果籽的口感也不错，而这道果汁里也没什么需要过滤的渣滓，都可以入口。当然，如果你想要清爽的水质口感，也可以用榨汁机，滤掉果肉，只留汁水。

减肥果蔬汁

近日来，网上盛传一个减肥果蔬汁的秘方，想来是效果不错~这个方子倒是很不错，营养全面，我们可以作为日常饮品来饮用。当然，主食还是要吃的，毕竟这个再好，也不能取代主食和蔬菜的营养。

挽袖
上阵

胡萝卜1根

苹果1个

凉白开适量

西红柿1个

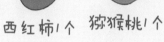
猕猴桃1个

菠萝1/4个

生姜1块

材料

榨汁机

工具

① 将胡萝卜洗净，去根去蒂，削去表皮，切成小丁备用；苹果、西红柿都用盐水浸泡五分钟，冲洗干净，苹果去皮去核切小块；西红柿去蒂切成小块；菠萝果肉放在盐水中浸泡半小时，然后取出，切成小块备用。

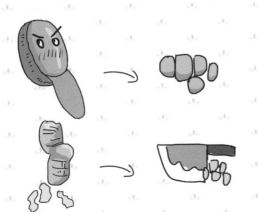

② 猕猴桃撕去表皮，切成小块备用；生姜洗净去皮，切成小丁备用。

③ 将所有材料倒入榨汁机里，加入少许凉白开，启动"榨汁"，3分钟后即可饮用。

"榨汁"

 咸言蜜语

胡萝卜富含维生素A、胡萝卜素等多种微量元素，西红柿和猕猴桃都富含维生素C，苹果就不用说了，百果之王，菠萝也是富含铁、锌等多种微量元素，可是为什么要加入姜呢？因为姜性热，温补，可以温中暖胃散寒。因为是减肥果蔬汁，所以不需要加糖，就这样清清淡淡的口感。

4

营养
泥与糊

三黑豆浆

　　按照中医的理论，食物分五色，对应补益人体各种五个脏器，五色中，黑色属土，补肾脏。肾气足了，人才有精神，毛发才会浓密旺盛，所以常见有人说想要头发好，多吃黑芝麻和黑豆，这并非荒谬之语，确实有一定道理。今天给大家介绍的这个三黑豆浆就是补肾的。肾的运行主要是在傍晚5时至7时，所以在这个时段喝三黑豆浆效果最显著。

挽袖
上阵

黑豆　　　黑芝麻　　　1量杯
　　　　　　　　　　　　（比例5：2）

材料

黑枣

工具

豆浆机　　过滤网

作法

1 将黑豆漂洗净，用清水浸泡6~8个小时；将黑芝麻拣干净泥沙，用水冲洗干净；

6~8小時

亲，来杯喝的

黑枣洗净，掰开，去子、蒂，只留果肉。

2 将泡发好的黑豆与黑芝麻和黑枣一同放入豆浆机中，按下"豆浆"键。

按

豆浆

3 20分钟后，豆浆机发出滴滴警报声，用滤网过滤掉渣滓，豆浆即可饮用。

咸言蜜语

挑选黑豆有讲究，雨看表皮都是黑色的，可是内里却大有玄机呢。有的黑豆芯子是黄色的，有的黑豆芯子是绿色的，一般说来，绿心黑豆营养价值更高。

玉米豆浆

　　大豆富含异黄酮素，对人体好处多多，尤其是对女性。于是豆浆和豆浆机风行于世，很多家庭都有一台豆浆机，用来现磨豆浆供全家饮用。可是每天一杯黄豆浆，再好喝再营养，我们也会烦。加入一点甜玉米粒在豆浆里，大豆原有的涩味会被玉米的甜味给掩盖，口感顿时好了许多。

挽袖上阵

大豆1量杯

甜玉米半根

材料

豆浆机

过滤网

工具

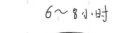

6～8小时

❶ 大豆事先择洗干净，泡6~8小时；将1根甜玉米从中间掰开，顺着断口处往外掰，很快就能将玉米粒给掰下来。

小唠叨

千万注意水位警戒线，不要超过也不要低于警戒线。

❸ 将玉米粒、大豆一同倒入豆浆机中，加水至水位线。

④ 按下"豆浆"键，20分钟后，用滤网滤掉杂质，留下香甜可口的豆浆。

咸言蜜语

不得不说，玉米和大豆是绝配，这样配搭之后，大豆的涩味没了，豆浆口感更好，营养也丰富了许多。大豆虽然富含营养，但是蛋白质中的蛋氨酸含量却比较低，含有丰富的赖氨酸和色氨酸；而玉米中含有丰富的蛋氨酸，但是赖氨酸和色氨酸的含量极低，两者搭配正好可以相互弥补。

杏仁五谷豆浆

　　杏仁是我们常见的食材，也是一味常见的药材，分苦杏仁和甜杏仁两种，我们今天采用的是甜杏仁。杏仁有一股特殊的香味，同谷物和豆类配搭在一起做豆浆，色泽温润、营养丰富、口感柔滑，相信你只要喝过就不会忘记那美妙的滋味。

亲，来杯喝的

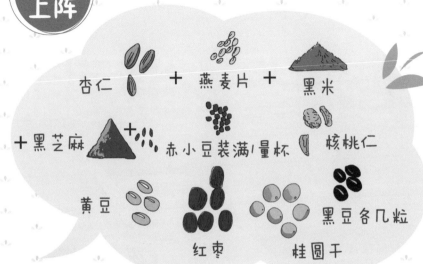

杏仁 + 燕麦片 + 黑米

+ 黑芝麻 + 赤小豆装满1量杯 核桃仁

黄豆 红枣 桂圆干 黑豆各几粒

材料

过滤网

豆浆机

工具

① 将杏仁、核桃和豆类、黑米淘洗干净；黑芝麻淘洗干净；红枣用刷子刷洗干净，掰成小块，去掉枣核备用；桂圆干掰开，去掉桂圆核，将桂圆肉撕成小块备用。

选
↓

五谷豆浆

小唠叨
黑芝麻里的沙子和杂质极难洗净，一定要多淘洗几遍。

② 将处理好的所有材料倒入豆浆机里，加入适量清水，选择"五谷豆浆"启动。

3 20分钟后，过滤或不过滤饮用。

咸言蜜语

因为在里面加入了少量黑米，所以出来的豆浆更加浓稠，口感更润滑。如果喜欢喝甜一点的，可以稍微多放点儿桂圆肉和红枣，一般不需要放糖了。

营养糙米糊

糙米口感不够好，因此受欢迎的程度远远不如精米。近年来，人们逐渐发现，糙米因为没有精加工，所以米的胚芽还保留着，这可是米粒的营养源泉啊。糙米搭配上核桃、黑芝麻、燕麦，营养丰富，打出来的糊糊比较浓稠，口感非常之好。

糙米、燕麦、黑芝麻按照2:1:1的比例装满1量杯

红枣6个

核桃3个

材料

核桃夹子

豆浆机

工具

作法

❶ 用核桃夹子夹开核桃壳，取出核桃仁，洗净，掰成小块备用；糙米拣净，用水淘洗干净，再用清水浸泡半小时；燕麦和黑芝麻也同糙米一样处理；红枣洗净，掰开，去掉枣核备用。

小唠叨

因为豆浆机的功率所限，大块的东西很难打碎，我们在处理时应尽量将食物弄小一些。另外淘洗糙米的水千万不要扔掉啊，这可是好东西呢，可以用来洗脸，发酵后用来洗头发也是上佳之选。

❷ 将所有材料一同放入豆浆机里，连同浸泡的水也倒入，注意水位警戒线。

❸ 按下"米糊"键，20分钟后，直接将豆浆机里的糊糊倒在碗中喝便是了。

咸言蜜语

如果有时间，核桃仁最好是现剥现用，剥好的核桃仁放置空气中，营养成分容易流失。另外，从功效来讲，这道米糊中其实不用加燕麦，燕麦是为了更好地中和糙米的口感，使米糊更润滑。

燕麦芝麻糊

　　燕麦，减肥、通便的健康食品，燕麦中的膳食纤维、维生素B₁、维生素B₂、维生素E等可以改善血液循环、缓解压力，热量高，但是糖分少，是当仁不让的健康食物。黑芝麻补肝肾、滋五脏、益精血、润肠燥，是极难得的滋补食品。

量杯

燕麦、黑芝麻共1量杯

砂糖适量

材料

炒锅

豆浆机

工具

1 将燕麦择干净，去掉杂质，用水淘洗干净，加入清水中浸泡。

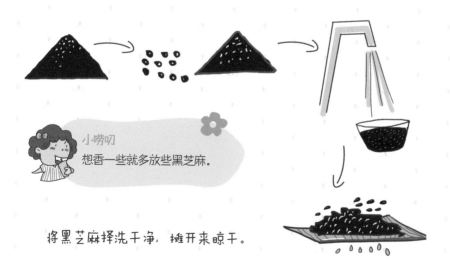

小·唠叨
想香一些就多放些黑芝麻。

将黑芝麻择洗干净，摊开来晾干。

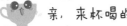

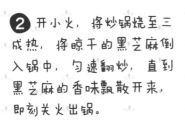

2 开小火，将炒锅烧至三成热，将晾干的黑芝麻倒入锅中，匀速翻炒，直到黑芝麻的香味飘散开来，即刻关火出锅。

"选" → 米糊

3 将炒熟的黑芝麻和燕麦放入豆浆机，加入泡燕麦的水，按米糊键，做完不用过滤即可饮用。

咸言蜜语

做这道燕麦芝麻糊，一定要先炒芝麻，因为芝麻炒过以后才会更香甜。炒芝麻时需要注意火候，万一炒糊了，芝麻会非常苦的。

补脑核桃饮

核桃以形补形，所含的各种营养成分最适合补脑。吃核桃容易感到油腻，核桃饮品喝起来就舒服多了，咱们就自己动手，给自己和家人做一味补脑核桃饮吧！

核桃6个

 花生 +

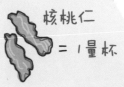 核桃仁 ＝1量杯

赤小豆、黑豆各少量

材料

 豆浆机

 核桃夹子

工具

① 将花生、赤小豆和黑豆分别淘洗干净，放入清水中浸泡6~8个小时。

用核桃夹子夹开核桃，将核桃洗净，稍煮一下，剥去外膜，净核桃仁切成小块，放入碗中备用。

小唠叨

因为核桃含油量太高，最好是另外放置，不要同花生等放在一起，以免弄得每个容器都是油乎乎的。

② 将所有材料都倒入豆浆机中，选择"豆浆"键。

小唠叨
如果觉得豆浆机配套的漏勺不够细密，可以自己用纱布来取代，纱布的效果比漏勺强太多了。如果不在意口感，不过滤也没问题。

等大约20分钟后，倒出核桃饮，用滤网过滤掉杂质。

 ## 咸言蜜语

有种饮料宣传语是"六个核桃"，咱这也是六个核桃，对比一下，看看哪六个核桃更营养更健康·成本更低更自然？核桃和花生的含油量都比较高，十分补脑，赤小豆红色，补心，黑豆黑色，补肾。这个核桃饮虽然材料只有四种，但是营养丰富，绝对滋补！

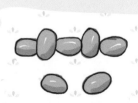

大枣银耳红豆薏仁米糊

　　光看名字就知道，这可是一个极品米糊啊，这么多材料放在一起，那功效不得翻倍再翻倍吗？红豆薏仁是利水祛湿的，银耳滋阴润肺，而大枣则是补气血的，这几样几乎就涵盖了人体健康的重点。不过，食材太多了，怎样的配比更合适呢？

银耳1小朵

红枣4枚（大颗红枣2枚就够了）

赤小豆

枸杞1小把

薏仁、赤小豆
共1量杯

薏仁1小把

材料

豆浆机

工具

作法

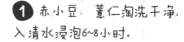

❶ 赤小豆、薏仁淘洗干净，入清水浸泡6~8小时。

银耳用水浸泡两三个小时，待泡发后，用水冲洗干净，去掉银耳蒂，撕成小碎片备用；

小唠叨

虽然现在很多豆浆机都有了现磨功能，省去了泡豆子这道工序，但其实，豆子必须用水泡开，营养物质才能更好地释放出来，口感也才会更好。

红枣洗净，去掉枣核，掰成小块；枸杞，冲洗干净。

亲，来杯喝的

② 将所有准备好的材料全部倒入豆浆机中，加入适量水，用浸泡豆子和薏仁的水最好。

③ 按下"米糊"键，约莫20分钟后，将米糊倒出，根据自己的口味调入适量蜂蜜。

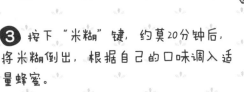 **咸言蜜语**

　　红豆和薏仁不是容易打碎的食物，一定要多多浸泡，这样营养物质能够更好地析出，打出来的米糊也会更香更糯。因为有银耳在里面，所以米糊会显得更加绵软黏糊，口感很好。当然，黑木耳也可以成为银耳的取代，不过两者的功效和口味还是略有区别的，最好是根据实际情况决定吧。

百合银耳白果浆

百合银耳白果汁，三样东西都是白的，味道都比较清淡，加上香甜的红薯和枸杞子，混在一起打成汁，丰富了营养，又增加了口感。平时这几样都是用来炖汤、炒菜或者做粥的，这一次用它们打成汁，营养更容易被吸收。

银耳一小朵

白果五六粒

新鲜百合一球

红薯半个

枸杞一小把

冰糖适量

材料

豆浆机

微波炉

工具

① 将银耳用清水泡发，淘洗干净，撕成小朵备用。

小·唠叨

百合如果用干品，冲洗干净后不用泡开直接使用。

一片片掰下来洗净

② 白果放入微波炉里中火加热至有爆响时取出，剥去壳和外膜。

亲，来杯喝的

3 红薯洗净去皮，切成小块备用。　　**4** 枸杞用清水冲洗干净备用。

5 将上述材料一起放入豆浆机，加入适量水，选择米糊功能键。大约20分钟后，一杯热气腾腾的暖身暖心养生饮品便能捧在手里了。

米糊功能 选

 **咸言蜜语**

　　百合是常见的药食同源食材，能缓解秋冬干燥季节所引起的许多季节性疾病，尤其是新鲜百合，养心安神、润肺止咳。白果能够改善大脑功能、增强记忆力、通畅血管，对人体有多种补益之处。之所以在里面加上半个蒸红薯，是为了改善口感，使汁水更润滑浓稠，也盖住了白果的丝丝涩味。